Jimena Alcalá Bautista
Adrián Duro Peinó
Jorge Lozano Mendoza

Ecología del jabalí en la Comunidad de Madrid

Jimena Alcalá Bautista
Adrián Duro Peinó
Jorge Lozano Mendoza

Ecología del jabalí en la Comunidad de Madrid

Efecto sobre el conejo de monte y tres especies de carnívoros

Editorial Académica Española

Imprint

Any brand names and product names mentioned in this book are subject to trademark, brand or patent protection and are trademarks or registered trademarks of their respective holders. The use of brand names, product names, common names, trade names, product descriptions etc. even without a particular marking in this work is in no way to be construed to mean that such names may be regarded as unrestricted in respect of trademark and brand protection legislation and could thus be used by anyone.

Cover image: www.ingimage.com

Publisher:
Editorial Académica Española
is a trademark of
Dodo Books Indian Ocean Ltd. and OmniScriptum S.R.L publishing group

120 High Road, East Finchley, London, N2 9ED, United Kingdom
Str. Armeneasca 28/1, office 1, Chisinau MD-2012, Republic of Moldova, Europe
Printed at: see last page
ISBN: 978-620-0-01237-1

C/ José Antonio Nováis 12,
28040, Madrid

ÍNDICE

RESUMEN

En los últimos 40 años se ha observado una creciente expansión en las poblaciones de jabalí (*Sus scrofa*) a lo largo de todo el territorio español. Además de implicaciones negativas como pueden ser daños a los cultivos o riesgos sanitarios, este pronunciado crecimiento poblacional acarrea consecuencias para el ecosistema, como puede ser el impacto sobre otras especies animales. Estudios previos han puesto de manifiesto que el jabalí puede estar teniendo un efecto negativo sobre el conejo (*Oryctolagus cuniculus*), especie clave en el ecosistema mediterráneo tanto a la hora de componer la estructura del hábitat como para servir de presa a diversos depredadores. Este trabajo estudia, mediante el muestreo de indicios indirectos, la relación existente entre la abundancia de jabalí, la abundancia de conejo y la de tres carnívoros terrestres —el gato montés (*Felis silvestris*), el zorro (*Vulpes vulpes*) y la garduña (*Martes foina*)— en la Comunidad de Madrid. Por un lado, los resultados muestran una fuerte correlación entre la abundancia de jabalí y la cobertura de matorral, mientras que el conejo se correlaciona negativamente tanto con la abundancia de jabalí como con la cobertura de matorral. De igual forma, el conejo se asocia con áreas de cultivo, al contrario que el jabalí. Por otro lado, no parece observarse ningún tipo de correlación entre la abundancia de jabalí y las abundancias de carnívoros. Proponemos que el conejo puede estar sufriendo un desplazamiento causado por el jabalí hacia zonas de cultivo y evitando el matorral, y que, en definitiva, existe un impacto negativo del ungulado sobre el lagomorfo.

Palabras clave: Conejo, Conservación, Interacciones, Jabalí, Ungulados

ABSTRACT

In the last 40 years, wild boar (*Sus scrofa*) populations have grown exponentially throughout the Spanish territory. Apart from other negative implications such as crop damage or health risks, this pronounced population growth has consequences for the ecosystem, including the impact on other animal species. Previous studies have revealed that wild boar may have a negative effect on rabbits (*Oryctolagus cuniculus*), a key species in the Mediterranean ecosystem, both in terms of habitat structure and serving as prey for various predators. This study examines the relationship between wild boar abundance, rabbit abundance, and the abundance of three terrestrial carnivores—wildcat (*Felis silvestris*), red fox (*Vulpes vulpes*), and stone marten (*Martes foina*)—in the Community of Madrid through indirect sign sampling. The results show a strong correlation between wild boar abundance and shrub cover, while rabbits correlate negatively with both wild boar abundance and shrub cover. Similarly, rabbits are associated with cultivated areas, unlike wild boar. On the other hand, no correlation appears to exist between wild boar abundance and carnivore abundances. We propose that rabbits may be experiencing displacement caused by wild boar, favoring cultivated areas over shrubland, and ultimately, there is a negative impact of wild boar on rabbits.

Key words: Conservation, European rabbit, Interactions, Ungulates, Wild boar

INTRODUCCIÓN

Son diversos los factores que alteran las dinámicas poblacionales de los mamíferos. Recientemente, el impacto antrópico ha estado en el punto de mira de expertos e investigadores por su notable efecto en las comunidades animales, pudiéndose destacar la reducción y fragmentación de hábitat, los atropellos y colisiones, o la contaminación ambiental y acústica, entre otros (e.g. Barber & Crooks, 2009; Borda de Água et al., 2017; Fahrig & Rytwinski, 2009; Francis & Barber, 2013). Por otro lado, las relaciones interespecíficas como la competencia por recursos o la depredación resultan clave a la hora de estudiar estas dinámicas. Pero ¿qué ocurre cuando ambos factores interactúan?

Las alteraciones humanas han condicionado en gran medida la distribución y abundancia de muchas especies, como pueden ser los carnívoros, el conejo (*Oryctolagus cuniculus*), o el jabalí (*Sus scrofa*), objetos de este estudio (Cano & Lozano, 2013; Delibes-Mateos et al., 2020; Pascual-Rico et al., 2022). Sin embargo, estos cambios poblacionales pueden, a su vez, afectar a las relaciones interespecíficas de estos animales. Este trabajo examina si en la Comunidad de Madrid existe un impacto en las poblaciones de conejo causado por la reciente expansión del jabalí y, consecuentemente, la alteración en la abundancia de tres carnívoros terrestres: el gato montés (*Felis silvestris*), el zorro (*Vulpes vulpes*) o la garduña (*Martes foina*).

EL JABALÍ *SUS SCROFA* (LINNAEUS, 1758)

El jabalí es un ungulado suido del cual desciende el cerdo doméstico. Su distribución abarca casi toda Eurasia y el norte de África, además de haber sido introducido en muchos lugares (Keuling et al., 2018; Pascual-Rico et al., 2022). En Europa actualmente es el ungulado más abundante (Baskin & Danell, 2003; Bywater et al., 2010). Es un animal omnívoro que, si bien se alimenta predominantemente de vegetales, puede incluir animales y hongos en su alimentación. Se ha observado que puede llegar a alimentarse de conejos, pero su papel como depredador de esta especie no se ha considerado relevante (Venero Gonzales, 1984).

Al igual que otros ungulados en creciente expansión, el jabalí es capaz de alterar los ecosistemas de diferentes formas (Carpio et al., 2020). Se ha observado que, al igual que el ganado, sus heces realizan un aporte de nitrógeno al suelo que en ocasiones puede resultar excesivo, reduciendo la cobertura de leguminosas (Carpio et al., 2014), las cuales conforman gran parte de la dieta del conejo. Sus hozaduras también tienen un impacto en el suelo y por ende en la flora, modificando su composición y estructura (Carpio et al., 2017). También se han documentado daños a especies de aves que anidan en el suelo como la perdiz roja (Carpio et al., 2023; 2016). Por último, el jabalí es portador de enfermedades como la tuberculosis, la peste porcina africana o la toxoplasmosis, lo cual implica un riesgo sanitario además del riesgo ecosistémico (Martínez & Gortázar, 2020).

SITUACIÓN ACTUAL DEL JABALÍ

Las estimaciones de las tendencias poblacionales de ungulados frecuentemente se realizan a partir de estadísticas de caza, y, en el caso del jabalí, los estudios o muestreos específicos para monitorizar sus poblaciones son escasos (MAPA, 2020; Morellet et al., 2007; PREVPA, 2023; Ruiz-Rodríguez et al., 2022). Por lo tanto, determinar de forma exacta si existe una sobrepoblación de la especie resulta complicado, especialmente si no se evalúan detalladamente sus impactos (Morellet et al., 2007; Putman et al., 2011). No obstante, en los últimos 40 años se ha observado en Europa y concretamente en España un pronunciado crecimiento en el número de jabalíes, y además el incremento anual acelera progresivamente: actualmente en nuestro país se estima que hay más de un millón de jabalíes, cifra que podría duplicarse en el próximo lustro (Carpio et al., 2020; MAPA, 2020; Pascual-Rico et al., 2022; PREVPA, 2023).

Si comparamos la tasa de crecimiento frente a la abundancia en las distintas provincias españolas (ambas estimadas a partir de datos de caza), podemos diferenciar tres categorías: por un lado, las provincias pertenecientes a la primera categoría tienen una tasa de crecimiento que supera a la densidad, por lo que se espera una creciente expansión del jabalí, como es el caso de Barcelona y Alicante. La segunda categoría corresponde a la situación opuesta: lugares (por ejemplo, Girona y Huesca) donde la densidad supera a la tasa de crecimiento, que se está estabilizando o disminuyendo —por lo que se deduce que en estos lugares ya se ha alcanzado la capacidad de carga y las poblaciones no crecerán drásticamente. Por último, la Comunidad de Madrid pertenece a una tercera categoría: la densidad es relativamente baja, pero la tasa de crecimiento es positiva y el lugar tiene potencial para que se produzca un aumento de las poblaciones en el futuro (PREVPA, 2023).

En nuestro país, anualmente se cazan casi 400.000 individuos; y en la Comunidad de Madrid el número de jabalíes capturados se ha casi triplicado en las últimas dos décadas (MITECO, 2019b; PREVPA, 2023). Teniendo en cuenta que la tendencia actual de la especie es muy positiva (Barasona et al., 2021; Pascual-Rico et al., 2022), esto sugiere que el número de individuos en el territorio es considerablemente alto y que la elevada presión cinegética es insuficiente para frenar su crecimiento.

Esta excepcional expansión del jabalí puede deberse a diversos factores, como el aumento de superficie forestal resultante del abandono rural, las regulaciones en la gestión cinegética, la desaparición de depredadores naturales como el lobo, el aumento de cultivos de regadío y el cambio climático; que, sumados a la elevada prolificidad de la especie, han resultado en una combinación de condiciones favorables para su crecimiento (Carpio et al., 2017; Martínez & Gortázar, 2020). Su expansión, sumado al de otros ungulados silvestres, puede estar impactando directa o indirectamente a las poblaciones de conejo y otros animales (Barasona et al., 2021; Carpio et al., 2023). Es posible que la modificación del hábitat mediante hozaduras o la reducción en la disponibilidad de alimentos sean los principales causantes de estos impactos, sobre todo en el caso del conejo (Cabezas-Díaz et al., 2011; Carpio et al., 2014; Lozano et al., 2007). Estudios realizados en algunos lugares de España han puesto de manifiesto que las abundancias de ungulados, incluyendo el jabalí, se correlacionan negativamente con la abundancia de conejo y gato montés (Barasona et al., 2017; A. Carpio et al., 2014; Lozano et al., 2007). Sin embargo, la situación del jabalí en la Comunidad de Madrid y sus posibles impactos en el ecosistema han sido muy poco estudiados y requieren ser evaluados en mayor profundidad.

EL CONEJO *ORYCTOLAGUS CUNICULUS* (LINNAEUS, 1758)

El conejo de monte es un mamífero lagomorfo de la familia Leporidae y único representante del género *Oryctolagus* (Delibes-Mateos, et al., 2020). Es de pequeño tamaño, pesando alrededor de un kilogramo, y de coloración parduzca o grisácea (Villafuerte & Delibes-Mateos, 2007). Su hábitat preferido parecen ser áreas de matorral y/o cultivos, en zonas de clima mediterráneo o continental áridas y calurosas, a altitudes relativamente bajas (<1500 m.s.n.m.) (Villafuerte & Delibes-Mateos, 2007). Se trata de un animal herbívoro, de gran adaptabilidad alimentaria, que frecuentemente se alimenta de leguminosas y gramíneas de baja altura (Crawley, 1990).

El área de distribución original del conejo europeo comprende principalmente la Península Ibérica, aunque con el paso del tiempo y la intervención del ser humano ha colonizado gran parte de Europa (King & Thompson, 1994).

Pueden distinguirse dos subespecies: *O. c. algirus*, presente solamente en la mitad suroccidental de la península, Canarias, Azores y algunas otras islas del Atlántico; y *O. c. cuniculus*, que es la subespecie que encontramos en el resto del mundo y de la cual proviene el conejo doméstico. Esta última subespecie ha llegado a introducirse en todos los continentes excepto la Antártida, llegando incluso a considerarse plaga o especie exótica invasora en la mayor parte de su distribución actual (King & Thompson, 1994). Es esta subespecie la que principalmente encontraremos en nuestra área de estudio, aunque en los márgenes más suroccidentales puede llegar a solaparse con *O. c. algirus* (Vaquerizas et al., 2020).

IMPORTANCIA ECOLÓGICA Y SOCIAL DEL CONEJO

El conejo es un endemismo ibérico, el cual no solamente ha servido históricamente como alimento o presa cinegética, sino que también ha dado nombre a nuestro país: según numerosas fuentes, etimológicamente "España" significa "tierra de conejos" (Camps 1994, Delibes-Mateos, et al. 2020). Solamente en España, anualmente se cazan entre 5 y 6 millones de conejos (MITECO, 2019b). Sin embargo, esta cifra parece ser insuficiente para los agricultores, quienes la consideran una especie indeseable por los daños que provoca a los cultivos. Por ello, existe un conflicto histórico entre los agricultores y los cazadores —estos últimos son los responsables de controlar las poblaciones, pero en ocasiones reintroducen o crian individuos, o incluso persiguen activamente a sus depredadores (Delibes-Mateos, et al., 2020).

Obviando los potenciales daños a los cultivos, el conejo resulta una especie importante para el ecosistema ya que cumple con un papel fundamental como herbívoro. Es una especie que podría optar al título de ingeniera ecosistémica (Delibes-Mateos et al., 2008): un estudio llevado a cabo en Doñana estimó que los conejos consumen hasta el 42% de la biomasa superficial, representando esta cifra un 80% de la consumida por todos los vertebrados herbívoros, lo cual implica que la desaparición de la especie en un área dada conlleva consecuencias considerables en el ecosistema (García Fuentes et al., 2005; Rueda García, 2006). La presencia de conejo supone una alteración en la abundancia de las especies florísticas que componen su alimentación, y otras plantas pueden proliferar al verse liberadas de la competencia interespecífica (Crawley, 1990; García Fuentes et al., 2005). Su acción también es determinante para la composición y estructura de los matorrales, por ejemplo, generando arbustos con pocas ramas pero más gruesas, y acentuando las diferencias de tamaño entre individuos (Crawley & Weiner, 1991). El conejo modifica su propio hábitat y lo adapta a su estilo de vida, por lo que, paradójicamente, muchas veces las reintroducciones de individuos en zonas donde previamente no se encontraba la especie pueden resultar infructuosas, al no estar el hábitat amoldado a ellos (Delibes-Mateos et al., 2008). Adicionalmente, este tipo herbivoría puede prevenir incendios forestales (Piñol et al., 1998). También existen evidencias de que el conejo es responsable de dispersar semillas de al menos 72 especies de plantas (Malo & Suárez, 1995). Las letrinas de heces que deposita contribuyen además a la fertilización del suelo (Willott et al., 2000).

Otra forma que tiene el conejo de modificar los ecosistemas es mediante la excavación de madrigueras: estas, muy numerosas en los hábitats colonizados, sirven de refugio y lugar de cría a diversas especies de aves, anfibios, serpientes, lagartijas, roedores, carnívoros como tejones (*Meles meles*), zorros, turones (*Mustela putorius*), comadrejas (*Mustela nivalis*), e incluso lobos (*Canis lupus*) o linces (*Lynx pardinus*) (Delibes-Mateos et al., 2008; Gálvez Bravo et al., 2009).

Pero resulta además especialmente relevante su rol como presa. Para muchos depredadores, resultan un alimento ideal dado su alto valor energético. Se tiene constancia de que al menos 30 especies se alimentan de conejos, ya sea de forma oportunista o como componente principal de la dieta, como puede observarse en la Tabla 1 (Delibes-Mateos & Galvez-Bravo, 2009). Entre estas últimas se incluyen el lince ibérico y el águila imperial ibérica (*Aquila adalberti*), especies "bandera" de especial interés para la conservación (Delibes-Mateos & Hiraldo, 1981; Moleón, 2007; Valkama et al., 2005). Concretamente, la abundancia de águila imperial y de otras aves rapaces está fuertemente ligada a la densidad de conejos (Delibes-Mateos et al., 2007). También hay constancia de la relación entre el éxito reproductivo del milano negro (*Milvus migrans*) y la proporción de conejos en la dieta (Viñuela & Veiga, 1992). Otras especies de interés que incluyen conejo en su alimentación son el buitre negro (*Aegypius monachus*) y el quebrantahuesos (*Gypaetus barbatus*) (Hiraldo, 1976; Margalida et al., 2005). Con relación a los carnívoros evaluados en este trabajo, cabe destacar que, cuando está presente, el conejo constituye una parte importante de la alimentación del zorro y el gato montés (Delibes-Mateos & Hiraldo, 1981; Malo et al., 2004). También se ha observado que la garduña lo puede incluir ocasionalmente en su dieta (Delibes-Mateos & Hiraldo, 1981; Malo et al., 2004; Padial et al., 2002). Sin embargo, la depredación de conejos por parte del gato montés no es suficiente como para limitar sus poblaciones (Lozano et al., 2013), por lo que no se espera que una mayor abundancia de gato montés implique un descenso en la abundancia de conejo, sino más bien al contrario: aunque el gato montés puede alimentarse de roedores y otros animales pequeños, su abundancia está positivamente correlacionada con la de conejo (Lozano, 2008; Lozano et al., 2013).

Tabla 1. Contribución del conejo a la dieta de los principales depredadores

Principales depredadores del conejo	% conejos en la dieta (Min-Max) [b]	Categoría UICN [c]
Carnívoros		
Lobo (*Canis lupus*)	0 - 44.4	NT
Gato Montés (*Felis silvestris*)	0 - 64	VU
Gineta (*Genetta genetta*)	2.8 - 11.4	LC
Meloncillo (*Herpestes ichneumon*)	22.2 - 80.3	DD
Lince ibérico (*Lynx pardinus*)	77.5 - 99.5	CR
Garduña (*Martes foina*)	0 - 20.4	LC
Tejón (*Meles meles*)	0.01 - 61.8	LC
Turón (*Mustela putorius*)	0 - 30	NT
Zorro (*Vulpes vulpes*)	0 - 96.1	LC
Rapaces		
Azor (*Accipiter gentilis*)	12 - 22.4	LC
Buitre negro (*Aegypius monachus*)	23.9 - 70.7	VU
Águila real (*Aquila chrysaetos*)	13 - 63.2	NT
Águila imperial (*Aquila adalbert*)	27.4 - 55.8	EN
Buho real (*Bubo bubo*)	16.9 - 67.5	LC
Ratonero (*Buteo buteo*)	0 - 66.6	LC
Aguilucho lagunero (*Circus aeruginosus*)	0 - 22.8	LC
Aguilucho pálido (*Circus cyaneus*)	0 - 31.9	LC
Aguilucho cenizo (*Circus pygargus*)	1 - 17.2	VU
Águila perdicera (*Hieraaetus fasciatus*)	12.6 - 51.0	EN
Águila calzada (*Hieraaetus pennatus*)	2 - 60	LC
Milano negro (*Milvus migrans*)	1.6 - 56.7	NT
Milano real (*Milvus milvus*)	8.3 - 29.2	EN
Alimoche (*Neophron percnopterus*)	2.5 - 49.3	EN
Cárabo (*Strix aluco*)	8 - 38.3	LC
Otros depredadores		
Aves: Gavilán (*Accipiter nisus*), Mochuelo (*Athene noctua*), Cigüeña (*Ciconia ciconia*), Águila culebrera (*Circaetus gallicus*), Cuervo (*Corvus corax*), Elanio azul (*Elanus caeruleus*), Esmerejón (*Falco columbarius*), Halcón peregrino (*Falco peregrinus*), Alcotán (*Falco subbuteo*), Cernícalo común (*Falco tinnunculus*), Grulla (*Grus grus*), Quebrantahuesos (*Gypaetus barbatus*), Buitre leonado (*Gyps fulvus*), Gaviota argéntea (*Larus argentatus*), Lechuza (*Tyto alba*). **Mamíferos:** Erizo moruno (*Erinaceus algirus*), Erizo común (*Erinaceus europaeus*), Comadreja (*Mustela nivalis*), Jabalí (*Sus scrofa*). **Reptiles:** Culebra de escalera (*Elaphe scalaris*), Lagarto ocelado (*Lacerta lepida*), Culebra bastarda (*Malpolon monpessulanus*).	0-5	-

ibéricos[a].

[a] tabla obtenida de Delibes-Mateos, M. y Gálvez-Bravo, L. (2009). El papel del conejo como especie clave multifuncional en el ecosistema mediterráneo de la Península Ibérica. *Ecosistemas*, *18*(3); con datos de Delibes & Hiraldo, 1981; Moleón, 2007 y Valkama et al., 2005.

[b] porcentaje de ocurrencia (contenido estomacal o excrementos) en el caso de los carnívoros y porcentaje total de restos en las rapaces.

[c] CR: en peligro crítico; EN: en peligro; VU: vulnerable; NT: casi amenazada; LC: preocupación menor; DD: datos insuficientes

SITUACIÓN ACTUAL DEL CONEJO

Desde 2019, el conejo está catalogado como "En peligro" en la lista roja de IUCN para su área natural de distribución (IUCN, 2023). En España, el declive de las poblaciones de conejo se debió en parte a la pérdida de hábitat y a una gestión cinegética ineficiente, pero se produjo una reducción especialmente drástica tras la aparición de dos enfermedades: la mixomatosis, a mediados del siglo XX, y la enfermedad hemorrágico-vírica (EHV), alrededor del año 1988 (Delibes-Mateos, et al., 2020; Virgós et al., 2007). Ambas enfermedades fueron introducidas como método de control biológico (Angulo & Cooke, 2002). Tal fue su incidencia que se estima que durante los años más críticos pudieron implicar una reducción en las poblaciones de hasta el 90% y el 80%, respectivamente, llegando a extinguir localmente algunas de ellas (King & Thompson, 1994; Moreno et al., 2007; Virgós et al., 2007). Además, entre 2009 y 2019, sus poblaciones se han reducido en más de un 50% (IUCN, 2019). No obstante, este declive no se ha producido de forma homogénea entre subespecies: mientras que las poblaciones de *O. c. algirus* se han reducido drásticamente en casi todo su rango de distribución, *O. c. cuniculus* se mantiene más o menos estable o incluso en auge en algunas regiones, llegando a considerarse plaga en algunos lugares (Vaquerizas et al., 2020). Es por esto que su situación actual en la Comunidad de Madrid resulta paradójica: a pesar de que no existen datos rigurosos sobre su demografía, en ocasiones se fomenta su control, mientras que simultáneamente se promueve su recuperación como medida de conservación de rapaces y carnívoros, como es el caso del Parque Regional de la Cuenca Media del Guadarrama (Comunidad de Madrid 2021b, 2023; Delibes-Mateos, et al. 2020).

OBJETIVOS E HIPÓTESIS

El objetivo general de este trabajo es estudiar el efecto del jabalí sobre otras especies animales en la Comunidad de Madrid, teniendo en cuenta también otros factores como los impactos antrópicos y la composición del hábitat. El propósito es determinar si la abundancia de jabalí influye en la abundancia de conejo y de tres especies de carnívoros (zorro, gato montés y garduña) en el área de estudio, con el fin de entender los potenciales efectos negativos que pueda tener su reciente expansión. Se plantean las siguientes hipótesis de trabajo: la abundancia de jabalí tendrá un efecto sobre la abundancia de conejo (H_1) y, consecuentemente, sobre la de otros carnívoros (H_2). La predicción es que este efecto será negativo tanto para el conejo como para los carnívoros.

MATERIAL Y MÉTODOS

ÁREA DE ESTUDIO

El trabajo se realizó en la Comunidad de Madrid, en la zona central de la Península Ibérica. Esta región, de aproximadamente 8000km^2, supera los 6 millones de habitantes, contando con áreas de alta densidad poblacional (en promedio, 850 habitantes por km^2) como la ciudad de Madrid, capital del país (INE, 2022). La Comunidad de Madrid se encuentra en la submeseta sur, está delimitada por el Sistema Central al norte y al oeste, y su territorio está formado por diversas unidades geográficas que incluyen la Sierra Norte, la Sierra de Guadarrama y la cuenca del Tajo. Esto la convierte en una región muy heterogénea, variando en altitud, vegetación, tipos de suelo, topografía, etc. Se caracteriza por tener un clima mediterráneo continental, con veranos cálidos y secos e inviernos fríos. La temperatura media anual varía desde los 15°C en las vegas más cálidas hasta los 2°C en las cumbres más elevadas del Sistema Central. Del mismo modo, la precipitación anual varía desde los 400 mm en Aranjuez, hasta los 1400 mm en las altas montañas. (AEMET, 2023). Encontramos suelos silíceos a lo largo del Sistema central, mayoritariamente granitos, aunque también pizarras y esquistos; en altitudes intermedias, zonas de suelos arenosos, enclavados calizos, y al sur, zonas yesíferas y llanuras aluviales. Los paisajes y formaciones vegetales incluyen desde cultivos, eriales, pastizales, y dehesas, hasta pinares de alta montaña, bosques o matorrales.

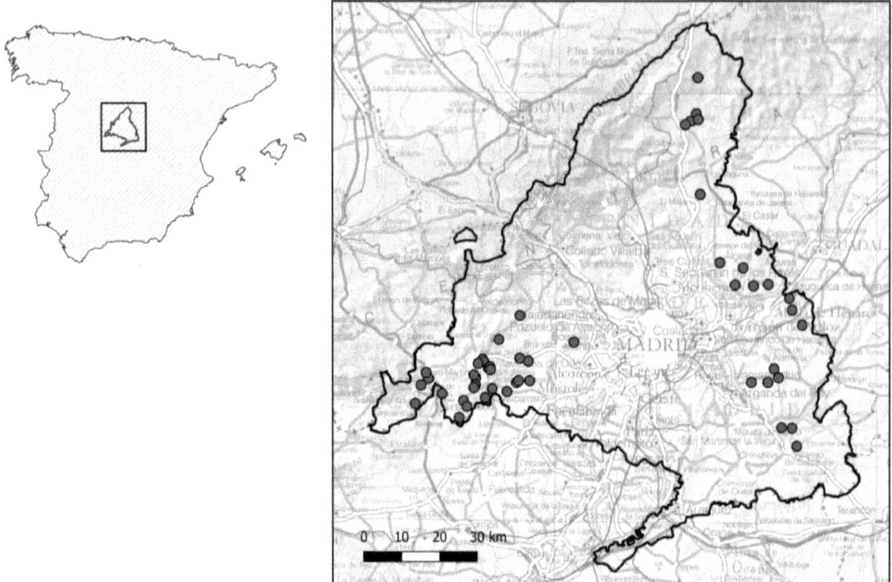

Figura 1. Ubicación de los transectos lineales donde se realizó el muestreo de campo, representados como círculos rojos.

En las áreas muestreadas los paisajes se componían principalmente de cultivos, eriales, atochares, matorrales, roquedos, dehesas y masas forestales con distintas especies dominantes: encinares (*Quercus ilex*), enebrales (*Juniperus oxycedrus),* pinares de pino piñonero (*Pinus pinea*), y resinero (*Pinus pinaster*). (MITECO, 1987, 2006)

MUESTREO DE CAMPO

Los muestreos se realizaron durante la estación de primavera-verano de 2022 y 2023. Se muestreó a lo largo de 50 transectos lineales por camino de 1km de longitud (n=50), subdivididos en cinco segmentos de 200m y distribuidos aleatoriamente por la zona mediterránea de la Comunidad de Madrid —esto es, en áreas con presencia potencial de conejo. Los transectos fueron recorridos a pie por los mismos observadores en todas las ocasiones, en busca de indicios indirectos de actividad de las especies estudiadas, y además para obtener in situ datos del hábitat. Respecto a esto último, al final de cada segmento (a los 200m, 400m, y así sucesivamente) se estimó el porcentaje de cobertura de vegetación (herbáceas, matorral, arbolado y cultivo) y de roquedo en una superficie de 25m de radio, para posteriormente calcular un valor medio para cada transecto.

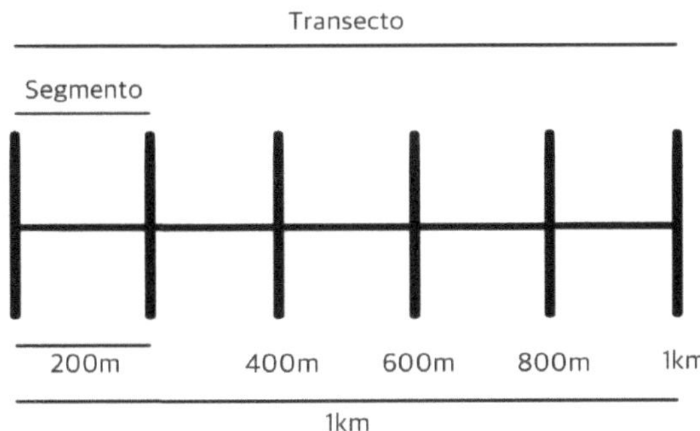

Figura 2. Estructura de un transecto y los segmentos que lo subdividen.

A lo largo de los transectos, ya fuera en los márgenes del camino (banda de 1 metro) o en el centro de estos, se contabilizaron los siguientes indicios indirectos de actividad de cada especie considerada: heces para los carnívoros, letrinas (acúmulos de no menos de 15 heces) para el conejo, y hozaduras para el jabalí. Estos métodos basados en indicios indirectos de presencia, a pesar de haber sido criticados (Monterroso et al., 2013; Prugh & Ritland, 2005), resultan especialmente adecuados cuando se trata de muestrear animales evasivos y difíciles de observar, si son aplicados correctamente, como se ha comprobado anteriormente en diversos estudios (e.g. Acevedo et al., 2007; Barea-Azcón et al., 2007; Cano & Lozano, 2013; Lozano et al., 2007, 2013; Mangas et al., 2008; Palomares, 2001; Sadlier et al., 2003; Velli et al., 2015; Webbon et al., 2004).

Las letrinas de conejo son acumulaciones de varias heces. Estas son de forma esférica y unos 10mm de diámetro, se diferencian de las de liebre por su menor tamaño y su color más oscuro (Salgado, 2016). Por otro lado, para medir la abundancia de jabalí se registraron las hozaduras, que son áreas de tierra claramente removidas consecuencia de buscar alimento con el hocico.

Los excrementos de gato montés son muy característicos: de aspecto compacto y tubular, se dividen en segmentos algo cilíndricos que pueden llegar a estar separados. Suelen tener un extremo romo y otro en forma de pincel, y un grosor de 18mm (Urra et al., 2015). Las heces de garduña suelen formar espirales y lazos acabados en punta, de 10 a 12mm de grosor, incluyen restos de pelos, huesos y plumas, y en verano/otoño también huesos de frutos. Pueden tener palos o tierra adheridos debido a su pegajosidad. Finalmente, las heces de zorro son las que pueden dar mayor lugar a confusión, debido a la variedad de su dieta. Habitualmente presentan una forma tubular, retorcida y con un pincel en uno de sus extremos, de unos 15mm de diámetro y siendo mucho más largas que anchas. Pueden contener restos de pelo, esqueletos, cáscaras y huesos de frutos, o restos de invertebrados. Suelen realizar la deposición en lugares elevados como encima de rocas o arbustos, así como en el centro de los caminos (Gómez Velasco & Troya Santamaría, 2018; Richarz & Limbrunner, 2020). Aun así, para evitar errores de muestreo, cuando existían dudas sobre la identidad de la especie, ya fuera porque los excrementos no se encontraban en buen estado o porque no presentaban una forma típica, estos no se contabilizaron.

Exceptuando el conejo, para todas las demás especies se calcularon índices de abundancia (IA). Para ello, nos basamos en la frecuencia de aparición de los indicios a lo largo de los transectos (Lozano et al., 2003, 2007, 2013; Mangas et al., 2008), contabilizando el número de segmentos del transecto donde ha habido presencia de indicios (hozaduras o heces) independientemente de su cantidad, y dividiendo entre el número total de segmentos (5), para obtener de esta forma un valor entre 0 y 1:

$$IA = \frac{n^{\circ}\ de\ segmentos\ con\ presencia\ de\ indicios}{5}$$

Figura 3. Fórmula para obtener el índice de abundancia (IA) de las especies consideradas.

En el caso del conejo, su índice de abundancia consiste en el número total de letrinas encontradas por transecto (letrinas/km) (Lozano et al., 2007, 2013).

OBTENCIÓN DE DATOS ESPACIALES

Al inicio de los transectos y cada 200m se registraron las coordenadas UTM (WGS 84) mediante un dispositivo GPS, obteniendo así la ubicación geográfica de los caminos. Posteriormente, mediante el uso de Sistemas de Información Geográfica con el programa QGIS 3.28.7 (QGIS, 2023), se realizó un *buffer* de 2km para cada transecto. La extensión del *buffer* se escogió considerando el área de campeo aproximada para el jabalí (Gutiérrez Camino, 2015). Se midieron diferentes variables espaciales a esta escala espacial: porcentaje de cobertura de arbolado, matorral, pastizal y cultivo, respectivamente (CNIG, 2018) porcentaje de suelo urbanizado (IGN, 2017); longitud de infraestructuras lineales comprendidas dentro del buffer —carreteras o vías ferroviarias— (CRIC, 2011) y longitud de ríos comprendidos dentro del buffer (IGN, 2019). Además, se midió para cada transecto la distancia mínima hasta la población más cercana, hasta la infraestructura lineal más cercana y hasta la masa de agua (río o embalse) más cercana (IGN, 2019; MITECO, 2019a). En el *Anexo I* se incluye información detallada sobre las variables medidas sobre capas vectoriales.

ANÁLISIS DE DATOS

Todas las variables de abundancia se transformaron logarítmicamente. Como se ha señalado anteriormente, para el conejo se trata del número total de letrinas; y para el resto de las especies (jabalí, gato montés, zorro y garduña), el índice de abundancia (IA) calculado.

Se construyó una matriz de correlaciones con todas las variables para estudiar las relaciones existentes entre ellas. Al no seguir muchas variables una distribución normal, se emplearon técnicas no paramétricas, en este caso el coeficiente de correlación de Spearman.

Para obtener un modelo de abundancia de jabalí, se llevó a cabo un modelo de regresión múltiple utilizando el índice de abundancia de jabalí como variable dependiente. Como variables independientes se emplearon factores ortogonales extraídos a través de un análisis factorial (rotación Varimax) . Esto se hizo con el objetivo de resumir la información del conjunto de aquellas variables independientes que se correlacionan con el jabalí en la matriz de correlaciones, ya que al no ser las variables independientes entre sí podrían dar problemas relacionados con la colinealidad. Del mismo modo, para comprobar el efecto del jabalí sobre el conejo, se llevó a cabo otro modelo de regresión múltiple con la abundancia de conejo como variable dependiente y factores ortogonales (extraídos de otro análisis de factores) como variables independientes, uno de los cuales recogía el conjunto de las variables de Jabalí IA y matorral. Por último, para comprobar el efecto del jabalí sobre los carnívoros, se realizaron los modelos de regresión simple correspondientes para cada especie de carnívoro utilizando el IA de jabalí como variable independiente. Se comprobó que todos los modelos cumplieran los supuestos de normalidad y homocedasticidad de los residuos. Los análisis se llevaron a cabo empleando el programa STATISTICA 7 (StatSoft, 2002).

RESULTADOS

De manera general, el jabalí estuvo presente en el 54% de los transectos, el conejo en el 76%, el gato montés en el 54%, el zorro en el 88% y la garduña en el 40%.

Figura 4. Transectos en los que se hallaron indicios de garduña (verde), gato montés (azul), zorro (rojo), jabalí (naranja) y conejo (negro).

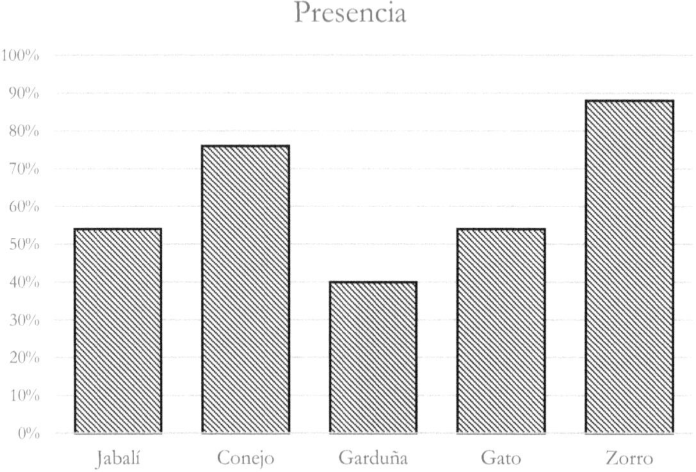

Figura 5. Presencia (en porcentajes) de cada especie en el total de transectos realizados.

MODELO DE ABUNDANCIA PARA EL JABALÍ

ANÁLISIS FACTORIAL

Considerando los resultados obtenidos en la matriz de correlaciones, se seleccionaron las variables que tenían mejor correlación con en el jabalí para realizar el análisis factorial. El resultado fueron 2 factores que explicaron el 78% de la varianza total. Como se puede observar en la Tabla 2, el Factor 1 sintetiza la estructura del paisaje: las puntuaciones positivas se corresponden con zonas de cultivo, y las negativas con áreas de mayor cobertura de arbolado y matorral. El Factor 2 está relacionado con infraestructuras humanas, correspondiendo las puntuaciones positivas a zonas menos urbanizadas.

Tabla 2. Resultados del análisis factorial con variables correlacionadas con el jabalí. Las puntuaciones (factores de carga) superiores a 0,7 se muestran en rojo.

	Factor 1	Factor 2	
%Arbolado	-0,846389	0,009352	
%Matorral	-0,790701	-0,002334	
%Cultivo	0,886990	0,062504	
DIST_NUCLEO	0,140544	0,779215	
M_LINEAL	0,120964	-0,937102	
%ARB2km	-0,887351	0,105618	
%CULT2km	0,932504	0,000807	
%URB2km	0,069014	-0,941219	
Eigenvalor	3,824439	2,386387	
Var. Explicada	0,478055	0,298298	0,776353

MODELO DE REGRESIÓN

Se llevó a cabo un Modelo de Regresión Múltiple con los factores ortogonales obtenidos previamente como variables explicativas y la variable Jabalí IA transformada como dependiente. Para optimizar el modelo, se optó por excluir un *outlier* (n=49). El resultado fue un modelo muy significativo ($F_{(2,46)}$=32,976; p<0,0001; R^2= 0,5891). El Factor 1 refiere a la estructura del paisaje, indicando en este caso el modelo una mayor abundancia de jabalí en zonas arboladas y arbustivas que en áreas cultivadas; y el Factor 2 resume las variables referentes a infraestructuras humanas, indicando preferencia (i.e. abundancia) por las áreas más naturalizadas (Tabla 3).

Tabla 3. Resultados del modelo de abundancia para el jabalí.

R= ,76753440				F(2,46)=32,976		
R²= ,58910905				p<,00000		
R² ajustada= ,57124423				Err. est. de estimación: ,18076		
	Beta	Error est. of Beta	B	Error est. de B	t(47)	p-valor
Intercepto			0,254479	0,025840	9,84819	0,000000
FACTOR1	-0,744958	0,094532	-0,209422	0,026575	-7,88047	0,000000
FACTOR2	0,201035	0, 094532	0,055133	0,025925	2,12664	0,038846

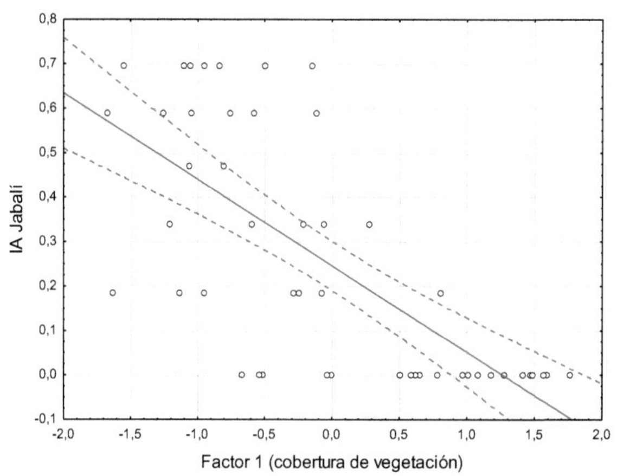

Figura 6. Relación entre la abundancia de jabalí y el Factor 1: las puntuaciones positivas indican mayor área de cultivo y las negativas mayor predominancia arbórea y arbustiva.

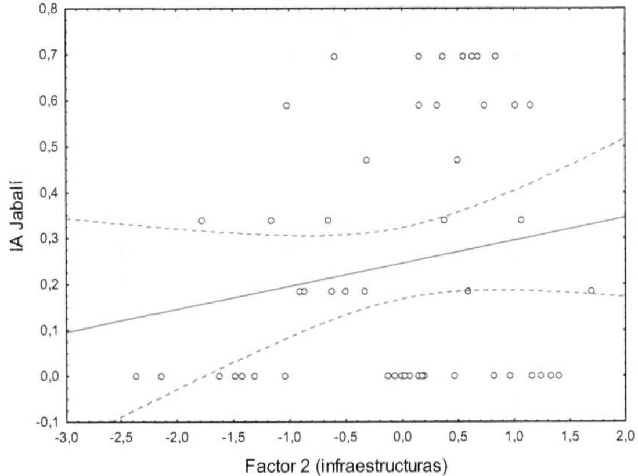

Figura 7. Relación entre la abundancia de jabalí y el Factor 2: las puntuaciones positivas se corresponden con las áreas con menor ocupación de infraestructuras humanas.

Cabe destacar que además se realizó otro modelo para el jabalí utilizando únicamente la cobertura de matorral en un radio de 25m como variable independiente, y resultó ser muy explicativa (Beta=0,75; p<0,0000; R^2=0,5551). El coeficiente de correlación entre ambas variables también era elevado (=0,73) En la Figura 8 se muestra la relación entre ambas variables.

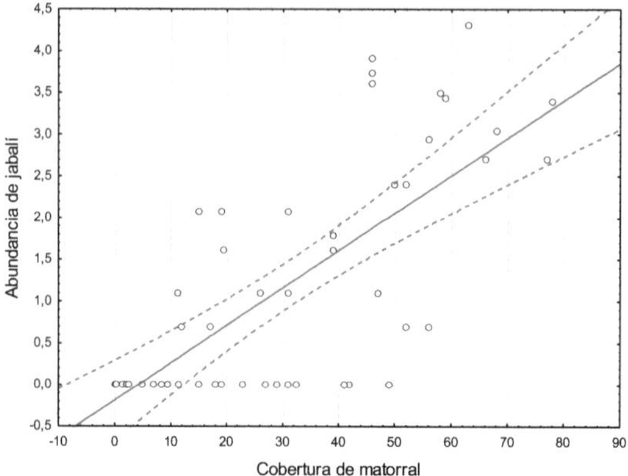

Figura 8. Relación entre la abundancia de jabalí y la cobertura de matorral.

EFECTO DEL JABALÍ SOBRE EL CONEJO

En la matriz de correlaciones realizada, se observó una correlación negativa significativa entre la abundancia de jabalí y la del conejo (R= -0,47; p<0,05).

ANÁLISIS FACTORIAL

Se obtuvieron dos factores que explicaron el 84% de la varianza. El primer factor representa zonas predominantes en cultivo donde las puntuaciones son negativas, y zonas más arboladas donde las puntuaciones son positivas. El segundo factor representa zonas con abundancia de jabalí y matorral donde hay valores positivos, frente a zonas más cultivadas.

Tabla 4. Resultados del análisis factorial con variables correlacionadas con el conejo. Las puntuaciones superiores a 0,7 vienen indicadas en rojo.

	Factor 1	Factor 2	
%Arbolado25m	0,846934	0,288972	
%Matorral25m	0,304805	0,881404	
%Cultivo25m	-0,620144	-0,628171	
%ARB2km	0,909589	0,283583	
%CULT2km	-0,761055	-0,541948	
Jabali_IA_LOG	0,305644	0,850057	
Eigenvalor	2,694756	2,351698	
Var. Explicada	0,449126	0,391950	0,841076

MODELO DE REGRESIÓN

Utilizando los factores obtenidos previamente como variables explicativas, se llevó a cabo un Modelo de Regresión Múltiple para el conejo. En este caso se decidió excluir tres *outliers* (n=47). Se obtuvo así un modelo muy significativo ($F_{(2,42)}$=13,959; p<0,0001) y moderadamente explicativo (R^2= 0,3993). En la Tabla 5 se observa que el modelo indica una mayor inclinación por zonas de cultivo frente a zonas arboladas (Factor 1), y por áreas donde existe menor cobertura de matorral y menor abundancia de jabalí (Factor 2).

Tabla 5. Resultados del modelo de abundancia para el conejo.

	Beta	Error est. de Beta	B	Error est. de B	t(44)	p-valor
R= ,63189597				F(2,42)=13,959		
R²= ,39929251				p<,00002		
R² ajustada= ,37068740				Err. est. de estimación: ,57492		
Intercepto			2,88975	0,210216	13,74662	0,000000
FACTOR1	-0,666462	0,103940	-1,37119	0,213848	-6,41199	0,000000
FACTOR2	-0,342620	0,103940	-0,70035	0,212464	-3,29633	0,001942

En la Figura 9 se puede observar la relación entre el Factor 2 (el conjunto de las variables de abundancia de jabalí y cobertura de matorral) y la abundancia de conejo.

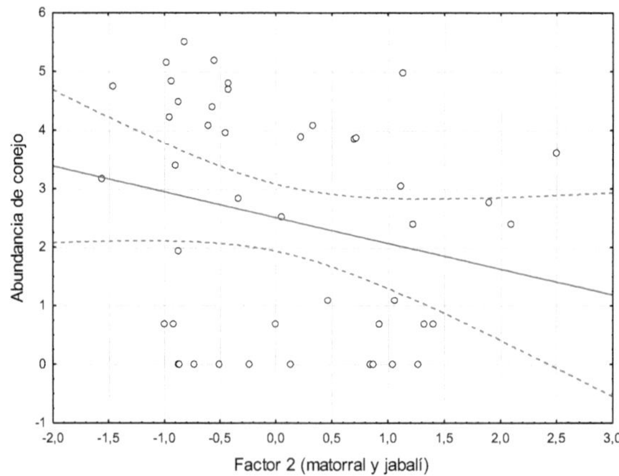

Figura 9. Relación entre la abundancia de conejo y el Factor 2, donde los valores positivos indican mayor cobertura de matorral y abundancia de jabalí.

EFECTO DEL JABALÍ SOBRE LOS CARNÍVOROS

Al realizar los correspondientes modelos de regresión, se observó que la abundancia de jabalí no estaba de forma evidente ni significativa correlacionada con la abundancia de garduña ($F(1,48)=1,9552$; $p<0,1684$; $R^2= 0,0391$), zorro ($F(1,48)=0,9683$; $p<0,33$; $R^2= 0,01977$) ni con la de gato montés ($F(1,48)=0,0583$; $p<0,8103$; $R^2= 0,0012$).

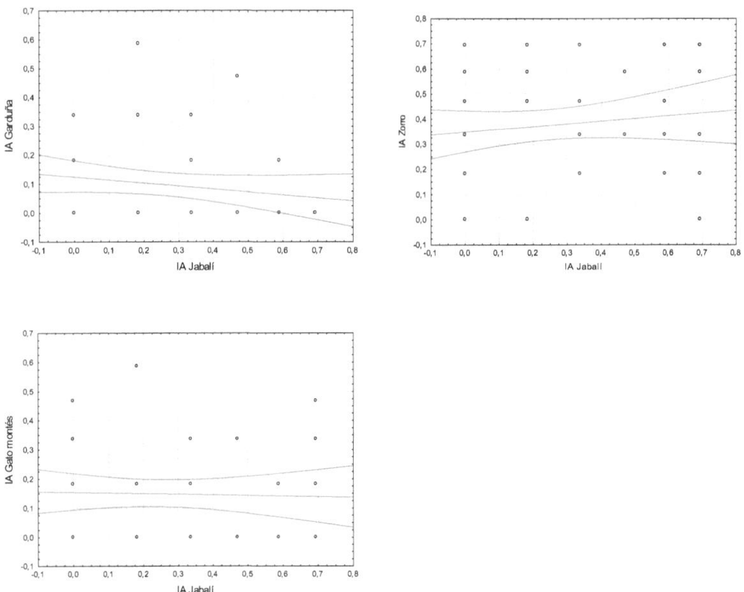

Figuras 10, 11 y 12. Relación entre el índice de abundancia (IA) de jabalí y los índices de abundancia (IA) de garduña, zorro, y gato montés, respectivamente.

DISCUSIÓN

ABUNDANCIA DE JABALÍ

La abundancia de jabalí en el área de estudio mostró una fuerte correlación fundamentalmente con la cobertura de matorral, y, en menor medida, con las zonas arboladas. Quizás sea conveniente señalar que, si esta fuerte correlación se ha encontrado solamente con la cobertura de matorral en un radio de 25 metros alrededor del transecto y no con la cobertura de matorral dentro del buffer de 2km, posiblemente se deba a la forma en la que CORINE Land Cover recoge los datos, ya que los mapas SIG se generan a través de imágenes satelitales que dificultan la discriminación entre arbolado y matorral. Por otro lado, el jabalí parece abundar menos en áreas agrícolas; por lo que se deduce que existe una preferencia evidente por zonas boscosas y arbustivas antes que por este tipo de zonas más abiertas, a pesar de que en otras regiones presenta una gran plasticidad y es posible encontrarlos en diversos tipos de hábitat (e.g. Rosell et al., 2001; Carpio et al., 2021). También hay que considerar que, aunque se ha observado que el jabalí acostumbra a invadir —y, por tanto, dañar— cultivos de regadío (Barrios-Garcia & Ballari 2012); los cultivos del área muestreada son predominantemente de secano, lo cual debe tenerse en cuenta a la hora de estudiar otras regiones. Por otro lado, el jabalí parece evitar los núcleos urbanos y las carreteras, aunque la especie puede adaptarse a entornos urbanos y periurbanos, aunque sabemos que es posible que la especie se adapte a entornos urbanos y periurbanos, como ocurre en otras regiones como Barcelona (López-Martín et al. 2022). Esto quiere decir que es de esperar que el crecimiento de las poblaciones de jabalí en la CAM se dé primero en áreas frondosas de abundante matorral y arbolado, y no será hasta que se haya alcanzado la capacidad de carga en estos hábitats que se desplace hacia zonas cultivadas, urbanas o periurbanas.

EFECTO DEL JABALÍ SOBRE EL CONEJO

Al ser necesario resumir las variables de abundancia de jabalí y cobertura de matorral en un solo factor ortogonal, dada su fuerte relación, se observa una correlación negativa de este factor con el conejo (Figura 4B), lo cual resulta sorprendente: la idea de que el conejo evite las zonas de matorral no parece corresponderse con sus hábitos, ya que la especie se conoce por preferir parches de matorral y cultivo (e.g. Villafuerte & Delibes-Mateos, 2007).

Ahora, el hecho de que el lagomorfo abunde en los cultivos y el suido las esquive, coincide con un posible escenario en el que el jabalí desplaza al conejo, apropiándose de las zonas de matorral y dejando para el conejo los campos agrícolas, menos apetecibles para él. Este desplazamiento podría ser consecuencia del impacto que tienen las hozaduras y excrementos de jabalí sobre la vegetación, que podrían alterar el alimento y refugio del conejo (e.g. Barasona et al. 2017, 2021, Carpio et al. 2014, 2015, 2017, 2020, 2023). Algunos estudios anteriores han obtenido resultados similares (Barasona et al., 2017; Carpio et al., 2014, 2023), sugiriendo que esta teoría no es inverosímil, y por tanto nuestra primera hipótesis (H_1) parece ser cierta. Esto resulta interesante, porque, de ser así, podría ser una explicación a los aparentemente crecientes daños a los cultivos causados por conejos, y los cuales son la principal razón por la que esta especie es considerada una plaga en muchos lugares (Delibes-Mateos, et al., 2014; 2020; Vaquerizas et al., 2020).

EFECTO DEL JABALÍ SOBRE LOS CARNÍVOROS

Como se ha observado anteriormente, en la Comunidad de Madrid la abundancia de jabalí no parece tener relación con las abundancias de gato montés, zorro y garduña, por lo que se ha de rechazar nuestra segunda hipótesis (H_2). Sin embargo, no debemos descartar que, de continuarse la expansión del jabalí, se dé un posible efecto en los carnívoros, ya sea en la abundancia o en otros aspectos como en la calidad o la composición de su alimentación. Por ejemplo, en el Parque Nacional del Monfragüe, Lozano et. al. (2007) observaron una correlación negativa entre la abundancia de ungulados silvestres —jabalí y ciervo rojo (*Cervus elaphus*)— y la de gato montés. Es por esto por lo que sería conveniente realizar estudios en mayor profundidad en otras regiones donde el jabalí ya se haya alcanzado su capacidad de carga, o donde la densidad de sus poblaciones sea mucho mayor; para determinar los patrones de dispersión y alimentación de los carnívoros en estas zonas y comprobar hasta qué punto los carnívoros ven alterada su ecología por la presencia y densidad del ungulado.

IMPLICACIONES DE GESTIÓN

Para regular las poblaciones de jabalí y mantener en equilibrio sus parámetros demográficos, es necesario elaborar planes de gestión que involucren a todos los colectivos implicados: conservacionistas, cazadores, agricultores, ganaderos, administraciones, etcétera. Desde 2021 se encuentra en vigor un Plan Nacional de Gestión de las poblaciones silvestres de jabalí (MAPA, 2020) que, aunque tiene como objetivo frenar la expansión del virus de la peste porcina africana y no una perspectiva conservacionista, ofrece algunas pautas interesantes que sería conveniente adaptar a la CAM.

Evidentemente, la manera ideal de frenar su expansión sería previniendo y/o enmendando los factores que contribuyen a su proliferación: favoreciendo la reintroducción de depredadores naturales como el lobo, desaconsejando la plantación de cultivos de regadío frente a otros tipos de cultivo, promoviendo la reversión del abandono rural… Pero, como medida a corto plazo, la más inmediata es la gestión cinegética. Entre las medidas propuestas se encuentran agilizar y simplificar los trámites administrativos de caza de jabalí (como la ampliación de los periodos permitidos para cazar o la eliminación de los cupos); autorizar la captura en cotos de caza menor, o aplicar métodos diferentes a la alimentación suplementaria para atraer a los individuos, que inevitablemente conllevan que la caza como herramienta de control resulte contraproducente. También, dado que existe una creciente corriente de opinión que se manifiesta abiertamente en contra de la actividad cinegética, llevar a cabo campañas de concienciación de la población que informen adecuadamente sobre el papel que la caza puede cumplir en la conservación de los ecosistemas si se realiza bajo criterios científicos y de sostenibilidad, cuando las circunstancias así lo requieran (Cassinello, 2013).

Por otro lado, en la CAM la regulación de la caza de conejo se ha flexibilizado debido a los recientes y crecientes daños a cultivos (Comunidad de Madrid, 2023). Sin embargo, si el jabalí está influyendo en la selección de hábitat del conejo, un adecuado control de sus poblaciones resultaría con toda probabilidad en una disminución paulatina de estos daños.

Por último, es fundamental mantener un seguimiento adecuado de las poblaciones de ambas especies, especialmente si de ello dependen los cambios en la legislación cinegética, ya que actualmente los datos para la CAM son escasos e incompletos. Esto facilitaría la identificación y el estudio de los impactos en el medio ambiente y en el ser humano.

CONCLUSIONES

Los datos nos muestran que en la Comunidad de Madrid, el jabalí es más abundante en zonas de arbolado y matorral, mientras que las zonas de cultivo son las menos frecuentadas. Adicionalmente, la especie es más abundante en áreas naturalizadas que en zonas urbanizadas.

Por otra parte, se observa que su abundancia se correlaciona negativamente con la de conejo, que, al contrario que el jabalí, abunda en los cultivos; aceptándose nuestra primera hipótesis.

Sin embargo, no se ha observado que la abundancia de jabalí tenga un efecto significativo en la abundancia de carnívoros, por lo que se ha de rechazar nuestra segunda hipótesis.

Finalmente, para prevenir mayores daños al ecosistema y al medio causados por la creciente expansión del jabalí, es necesario llevar a cabo planes de gestión por parte de las autoridades locales, y un adecuado seguimiento de las poblaciones.

BIBLIOGRAFÍA

Acevedo, P., Vicente, J., Höfle, U., Cassinello, J., Ruiz-Fons, F., & Gortazar, C. (2007). *Estimation of European wild boar relative abundance and aggregation: A novel method in epidemiological risk assessment.* Epidemiology and Infection, 135(3), 519-527.

AEMET. (2023). *Datos climatológicos—Agencia Estatal de Meteorología—AEMET. Gobierno de España.* https://www.aemet.es/es/serviciosclimaticos/datosclimatologicos

Angulo, E., & Cooke, B. (2002). *First synthesize new viruses then regulate their release? The case of the wild rabbit.* Molecular ecology, 11, 2703-2709.

Barasona, J. A., Boadella, M., Gortázar, C., Piñeiro, X., Zumalacárregui, C., Vicente, J., & Viñuela, J. (2017). *El incremento poblacional del jabalí amenaza la fauna silvestre asociada a los humedales.* XIII Congreso SECEM.

Barasona, J. A., Carpio, A., Boadella, M., Gortazar, C., Piñeiro, X., Zumalacárregui, C., Vicente, J., & Viñuela, J. (2021). *Expansion of native wild boar populations is a new threat for semi-arid wetland areas.* Ecological Indicators, *125*, 107563.

Barber, J. R., & Crooks, K. R. (2009). *The Costs of Chronic Noise Exposure for Terrestrial Organisms.* Trends in Ecology and Evolution, 25(3), 180-9.

Barea-Azcón, J. M., Virgós, E., Ballesteros-Duperón, E., Moleón, M., & Chirosa, M. (2007). *Surveying carnivores at large spatial scales: A comparison of four broad-applied methods.* Biodiversity and Conservation, 16(4), 1213-1230.

Barrios-Garcia, M. N., & Ballari, S. A. (2012). *Impact of wild boar (Sus scrofa) in its introduced and native range: A review.* Biological Invasions, 14(11), 2283-2300.

Baskin, L., & Danell, K. (2003). *Ecology of ungulates: A handbook of species in Eastern Europe and Northern and Central Asia.* Springer Science & Business Media.

Borda de Água, L., Barrientos, R., Beja, P., Pereira, H. (2017). *Railway ecology.* Springer Open.

Bywater, K., Apollonio, M., Cappai, N., & Stephens, P. (2010). *Litter size and latitude in a large mammal: The wild boar Sus scrofa.* Mammal Review, 40, 212-220.

Cabezas-Díaz, S., Virgós, E., Mangas, J. G., & Lozano, J. (2011). The presence of a "competitor pit effect" compromises wild rabbit (Orcytolagus cuniculus) conservation. *Animal Biology*, *61*(3), 319-334.

Camps, J. (1994). Lugar de origen del conejo. Cunicultura, 19(108), 73-78.

Cano, B., & Lozano, J. (2013). *Selección de hábitat del zorro y el gato montés en Madrid.* Editorial Académica Española.

Carpio, A., Acevedo, P., & Apollonio, M. (2020). *Wild ungulate overabundance in Europe: Contexts, causes, monitoring and management recommendations.* Mammal Review (Vol. 51).

Carpio, A., Guerrero-Casado, J., Barasona, J., & Tortosa, F. (2017*). Ecological impacts of wild ungulate overabundance on Mediterranean Basin ecosystems.* Ungulates: Evolution, Diversity and Ecology (pp. 111-157).

Carpio, A., Guerrero-Casado, J., Ruiz, L., Vicente, J., & Tortosa, F. (2014). *The high abundance of wild ungulates in a Mediterranean region: Is this compatible with the European rabbit?* Wildlife Biology, 20(3), 161-166.

Carpio, A. J., Hillström, L., & Tortosa, F. S. (2016). *Effects of wild boar predation on nests of wading birds in various Swedish habitats.* European Journal of Wildlife Research, 62(4), 423-430.

Carpio, A., Oteros, J., Lora, A., & Tortosa, F. (2015). *Effects of the overabundance of wild ungulates on natural grassland in Southern Spain.* Agroforestry Systems, 89, 637-644.

Carpio, A., Queiros, J., Laguna Fernandez, E., Jiménez-Ruiz, S., Vicente, J., Alves, P., Acevedo, P. (2023). *Understanding the impact of wild boar on the European wild rabbit and red-legged partridge populations using a diet metabarcoding approach.* European Journal of Wildlife Research, 69.

Cassinello, J. (2013). *La caza como recurso renovable y la conservación de la naturaleza.* Los libros de la catarata, Madrid.

CNIG. (2018). *CORINE Land Cover (España).* Centro Nacional de Información Geográfica.

Comunidad de Madrid. (2021a) Catálogo cartográfico. Secretaría General Técnica y D.G. de Urbanismo Consejería de Medio Ambiente, Vivienda y Agricultura CAM. 86 pp.

Comunidad de Madrid. (2021b). *Diagnóstico Ambiental 2021 de la Comunidad de Madrid*. Consejería de Medio Ambiente, Vivienda y Agricultura.

Comunidad de Madrid. (2023). *Orden 1868/2023, de 9 de junio, de la Consejería de Medio Ambiente, Vivienda y Agricultura, por la que se fijan las limitaciones y épocas hábiles de caza que regirán durante la temporada 2023-2024*. Legislación de la Comunidad de Madrid.

Crawley, M. (1990). *Rabbit Grazing, Plant Competition and Seedling Recruitment in Acid Grassland*. The Journal of Applied Ecology, 27, 803.

Crawley, M., & Weiner, J. (1991). *Plant Size Variation and Vertebrate Herbivory: Winter Wheat Grazed by Rabbits*. The Journal of Applied Ecology, 28, 154.

CRIC. (2011). *Red Ferroviaria (Líneas). BTA 1:10000*. Centro Regional de Información Cartográfica—Dirección General de Urbanismo—Consejería de Medio Ambiente, Administración Local y Ordenación del Territorio.

CRIG. (2011). *Red Viaria (Líneas). BTA 1:10000*. Centro Regional de Información Cartográfica—Dirección General de Urbanismo—Consejería de Medio Ambiente, Administración Local y Ordenación del Territorio.

Delibes-Mateos, M., Arroyo, B., Ruiz, J., Garrido, F. E., Redpath, S., & Villafuerte, R. (2020). *Conflict and cooperation in the management of European rabbit Oryctolagus cuniculus damage to agriculture in Spain*. People and Nature, 2(4), 1223-1236.

Delibes-Mateos, M., Ferreira, C., Rouco, C., Villafuerte, R., & Barrio, I. C. (2014). *Conservationists, hunters and farmers: The European rabbit Oryctolagus cuniculus management conflict in the Iberian Peninsula*. Mammal Review, 44, 190-203.

Delibes-Mateos, M., Ferreras, P., & Villafuerte, R. (2008). Key Role of European Rabbits in the Conservation of the Western Mediterranean Basin Hotspot. *Conservation Biology, 22*(5)

Delibes-Mateos, M., & Galvez-Bravo, L. (2009*). El papel del conejo como especie clave multifuncional en el ecosistema mediterráneo de la Península Ibérica*. Ecosistemas, 18.
Delibes-Mateos, M., & Hiraldo, F. (1981). *The rabbit as prey in the Iberian Mediterranean ecosystem*. Proceedings of the world lagomorph conference, 1979, 614-622.

Delibes-Mateos, M., Redpath, S. M., Angulo, E., Ferreras, P., & Villafuerte, R. (2007). *Rabbits as a keystone species in southern Europe*. Biological Conservation, 137(1), 149-156.

Delibes-Mateos, M., Rödel, H. G., Rouco, C., Alves, P. C., Carneiro, M., & Villafuerte, R. (2020). *European Rabbit Oryctolagus cuniculus (Linnaeus, 1758)*. K. Hackländer & F. E. Zachos (Eds.), Handbook of the Mammals of Europe (pp. 1-39).

Fahrig, L., & Rytwinski, T. (2009). *Effects of Roads on Animal Abundance an Empirical Review and Synthesis*. Ecology and society, 14(1).

Francis, C. D., & Barber, J. R. (2013). *A framework for understanding noise impacts on wildlife: An urgent conservation priority*. Frontiers in Ecology and the Environment, *11*(6), 305-313.

Gálvez Bravo, L., Belliure, J., & Rebollo, S. (2009). *European rabbits as ecosystem engineers: Warrens increase lizard density and diversity*. Biodiversity and Conservation, *18*(4), 869-885.

García Fuentes, A., Muñoz, J. J., & Cano, E. (2005). *Alteraciones florísticas en los pastizales sometidos a altas densidades de conejos*. Producciones agroganaderas: gestión eficiente y conservación del medio natural, Vol. 2, págs. 915-921, 915-921.

Gómez Velasco, F., & Troya Santamaría, P. (2018). *Huellas y rastros de la Sierra de Guadarrama*. La Librería.

Gutiérrez Camino, J. (2015). *Uso del espacio por el jabalí en Montes de Toledo centrales: implicaciones como reservorio de enfermedades*. Universidad de Castilla la Mancha.

Hiraldo, F. (1976). *Diet of the Black Vulture (Aegypius monachus) in the Iberian Peninsula*. Doñana. Acta Vertebrata, 3(1).

Instituto Geográfico Nacional. (2017). *Sistema de Información de Ocupación del Suelo en España de alta resolución*. https://centrodedescargas.cnig.es/CentroDescargas/catalogo.do?Serie=SIOSE

Instituto Geográfico Nacional. (2018). *CORINE Land Cover (España)*. https://centrodedescargas.cnig.es/CentroDescargas/catalogo.do?Serie=SIOSE

Instituto Geográfico Nacional (2019). *Información Geográfica de Referencia de Hidrografía*. https://www.ign.es/web/seccion-hidrografia

INE. (2022). *Madrid: Población por municipios y sexo. (2881)*. Instituto Nacional de Estadística.

IUCN. (2023). *The IUCN Red List of Threatened Species*. Versión 2023.1. https://www.iucnredlist.org

Keuling, O., Sange, M., Acevedo, P., Podgórski, T., Smith, G., Scandura, M., Apollonio, M., Ferroglio, E., & Vicente, J. (2018). *Guidance on estimation of wild boar population abundance and density: Methods, challenges, possibilities.* EFSA Supporting Publications, 15.

King, C. M., & Thompson, H. V. (Eds.). (1994). *The European rabbit: The history and biology of a successful colonizer.* Oxford University Press.

López-Martín, J., López-Vañó, G., Maté, C., Roldán, J., Conejero Fuentes, C., Castillo-Contreras, R., Cahill, S., Mentaberre, G., & Lopez-Olvera, J. (2022). *Management strategies to tackle urban wild boar conflicts in the metropolitan area of Barcelona.* 13th International Symposium on Wild Boar and other suids.

Lozano, J. (2008). *Ecología del gato montés («Felis silvestris») y su relación con el conejo de monte («Oryctolagus cuniculus»).* Universidad Complutense de Madrid.

Lozano, J., Virgós, E., & Cabezas-Díaz, S. (2013). *Monitoring European wildcat Felis silvestris populations using scat surveys in central Spain: Are population trends related to wild rabbit dynamics or to landscape features?* Zoological Studies, 52(1), 16.

Lozano, J., Virgós, E., Cabezas-Díaz, S., & Mangas, J. G. (2007). *Increase of large game species in Mediterranean areas: Is the European wildcat (Felis silvestris) facing a new threat?* Biological Conservation, 138(3-4), 321-329.

Lozano, J., Virgós, E., Malo, A., & Huertas, D. (2003). *Importance of scrub-pastureland mosaics for wild-living cats occurrence in a Mediterranean area: Implications for the conservation of the wildcat* (Felis silvestris). Biodiversity and Conservation, *12*, 921-935.

Malo, A., Lozano, J., & Huertas, D. (2004). *A change of diet from rodents to rabbits (Oryctolagus cuniculus). Is the wildcat (Felis silvestris) a specialist predator?* Journal of Zoology, 263, 401-407

Malo, J. E., & Suárez, F. (1995). *Herbivorous mammals as seed dispersers in a Mediterranean dehesa.* Oecologia, 104(2), 246-255.

Mangas, J., Lozano, J., Cabezas-Díaz, S., & Virgós, E. (2008). *The priority value of scrubland habitats for carnivore conservation in Mediterranean ecosystems.* Biodiversity and Conservation, 17, 43-51.

MAPA: Ministerio de Agricultura, Pesca y Alimentación. (2020). *Plan nacional de gestión a medio/largo plazo de las poblaciones de jabalíes silvestres.*

Margalida, A., Bertran, J., & Boudet, J. (2005). *Assessing the diet of nestling Bearded Vultures: A comparison between direct observation methods.* Journal of Field Ornithology, 76.

Martínez, R., & Gortázar, C. (2020). *El jabalí.* https://digital.csic.es/handle/10261/238755

MITECO. (2023). *Vegetación y sistemas naturales.* Parque Nacional Sierra de Guadarrama. https://www.parquenacionalsierraguadarrama.es/es/naturaleza/clima/116-clima

MITECO. (2019a). *Masas de agua superficial PHC (2015-2021)* [Data set].

MITECO. (2019b). *Estadística Anual de Caza.* https://www.miteco.gob.es/es/biodiversidad/estadisticas/Est_Anual_Caza.aspx

MITECO. (1987). *Mapa de Series de Vegetación.* https://www.miteco.gob.es/es/biodiversidad/servicios/banco-datos-naturaleza/informacion-disponible/memoria_mapa_series_veg_descargas.aspx

Moleón, M. (2007). *El estudio del impacto de los predadores sobre las presas cinegéticas: Un intento de compatibilizar caza y conservación.* Biodiversidad y conservación de fauna y flora en ambientes mediterráneos, 743-794.

Monterroso, P., Castro, D., Silva, T. L., Ferreras, P., Godinho, R., & Alves, P. C. (2013). *Factors affecting the (in)accuracy of mammalian mesocarnivore scat identification in South-western Europe.* Journal of Zoology, 289(4), 243-250.

Morellet, N., Gaillard, J.-M., Hewison, A., Ballon, P., BOSCARDIN, Y., Duncan, P., Klein, F., & Maillard, D. (2007). *Indicators of ecological change: New tools for managing populations of large herbivores.* Journal of Applied Ecology, *44*, 634-643.

Moreno, S., Beltrán, J., Cotilla, I., Kuffner, B., Laffite, R., Jordán, G., Ayala, J., Quintero, C., Jiménez, A., Castro, F., Cabezas, S., Villafuerte, R., Moreno, S., Beltrán, J. F., Cotilla, I., Kuffner, B., Laffite, R., Jordán, G., Ayala, J., Villafuerte, R. (2007). *Long-term decline of the European wild rabbit (Oryctolagus cuniculus) in south-western Spain.* Wildlife Research, 34(8), 652-658.

Padial, J. M., Avila, E., & Sanchez, J. M. (2002). *Feeding habits and overlap among red fox (Vulpes vulpes) and stone marten (Martes foina) in two Mediterranean mountain habitats.* Mammalian Biology, 67(3), 137-146.

Palomares, F. (2001). *Comparison of 3 Methods to Estimate Rabbit Abundance in a Mediterranean Environment.* Wildlife Society Bulletin, 29, 578-585.

Pascual-Rico, R., Acevedo, P., Apollonio, M., JA, B., G, B., L, del, Ferroglio, E., A, G., Keuling, O., Plis, K., Podgórski, T., Preite, L., Ruiz-Rodríguez, C., Scandura, M., M, S., Soriguer, R., Smith, G., Vada, R., Zanet, S., & Carpio, A. (2022). *Wild boar ecology: A review of wild boar ecological and demographic parameters by bioregion all over Europe.* EFSA Supporting Publications, 19.

Piñol, J., Terradas, J., & Lloret, F. (1998). *Climate Warming, Wildfire Hazard, and Wildfire Occurrence in Coastal Eastern Spain.* Climatic Change, 38, 345-357.

PREVPA. (2023). *Propuesta de control zonificada y basada en (R1) a nivel nacional. Grupo Operativo sobre la Peste Porcina Africana.*

Prugh, L. R., & Ritland, C. E. (2005). *Molecular testing of observer identification of carnivore feces in the field.* Wildlife Society Bulletin, 33(1), 189-194.

Putman, R., Watson, P., & Langbein, J. (2011). *Assessing deer densities and impacts at the appropriate valor for management: A review of methodologies for use beyond the site scale.* Mammal Review, 41, 197-219.

QGIS. (2023). *QGIS Geographic Information System* (3.28.7). QGIS Association.

Richarz, K., & Limbrunner, A. (2020). *¿Qué huella de animal es esta? 106 huellas y rastros fáciles de encontrar.* OMEGA, Barcelona.

Rosell, C., Fernández-Llario, P., & Herrero, Y. (2001). *El Jabalí* (Sus scrofa *Linnaeus, 1758*). Galemys, 13.

Rueda García, M. (2006). *Selección de hábitat por herbívoros de diferente tamaño y sus efectos sobre la vegetación: El papel del conejo europeo («Oryctolagus cuniculus») en ecosistemas de dehesa.* Universidad de Alcalá.

Ruiz-Rodríguez, C., Fernández-López, J., Vicente, J., Blanco-Aguiar, J. A., & Acevedo, P. (2022). *Revisiting wild boar spatial models based on hunting yields to assess their predictive performance on interpolation and extrapolation areas.* Ecological Modelling, 471, 110041.

Sadlier, L. M. J., Webbon, C., Baker, P., & Harris, S. (2003). *Methods of monitoring red foxes* Vulpes vulpes *and badgers* Meles meles: *Are field signs the answer?* Mammal Review, 34, 75-98.

Salgado, I. (2016) Conejo Oryctolagus cuniculus (Linnaeus, 1758). En: Calzada J., Clavero M. & Fernández A. (eds). Guía virtual de los indicios de los mamíferos de la Península Ibérica, Islas Baleares y Canarias. Sociedad Española para la Conservación y Estudio de los Mamíferos (SECEM). http://www.secem.es/guiadeindiciosmamiferos/

StatSoft. (2002). *STATISTICA* (Versión 7). StatSoft.

Urra, F., Lozano, J., España, A. J., & Monterroso, P. (2015). *El gato montés, Felis silvestris (Schreber, 1775). Guía virtual de los indicios de los mamíferos de la Península Ibérica, Islas Baleares y Canarias.* Sociedad Española para la Conservación y Estudio de los Mamíferos (SECEM). http://www.secem.es/guiadeindiciosmamiferos/

Valkama, J., Korpimäki, E., Arroyo, B., Beja, P., Bretagnolle, V., Bro, E., Kenward, R., Mañosa, S., Redpath, S., Thirgood, S., & Viñuela, J. (2005). *Birds of prey as limiting factors of gamebird populations in Europe: A review.* Biological reviews of the Cambridge Philosophical Society, *80*, 171-203.

Vaquerizas, P., Delibes-Mateos, M., Piorno, V., Arroyo, B., Castro, F., & Villafuerte, R. (2020). *The paradox of endangered European rabbits regarded as pests in the Iberian Peninsula: Subspecies differences in trends matter.* Endangered Species Research, 43.

Velli, E., Bologna, M. A., Silvia, C., Ragni, B., & Randi, E. (2015). *Non-invasive monitoring of the European wildcat (Felis silvestris silvestris Schreber, 1777): Comparative analysis of three different monitoring techniques and evaluation of their integration.* European Journal of Wildlife Research, *61*(5), 657-668.

Venero Gonzales, J. L. (1984). *Dieta de los grandes fitófagos silvestres del Parque Nacional de Doñana—España.* Superintendencia Nacional de Educación Superior Universitaria - SUNEDU.

Villafuerte, R., & Delibes-Mateos, M. (2007). *Atlas y Libro Rojo De Los Mamíferos Terrestres De España: Oryctolagus cuniculus (Linnaeus, 1758).*

Viñuela, J., & Veiga, J. P. (1992). *Importance of Rabbits in the Diet and Reproductive Success of Black Kites in Southwestern Spain.* Ornis Scandinavica, 23(2), 132-138.

Virgós, E., Cabezas-Díaz, S., & Lozano, J. (2007). *Is the wild rabbit (Oryctolagus cuniculus) a threatened species in Spain? Sociological constraints in the conservation of species.* Biodiversity and Conservation, 16, 3489-3504.

Webbon, C. C., Baker, P. J., & Harris, S. (2004*). Faecal density counts for monitoring changes in red fox numbers in rural Britain.* Journal of Applied Ecology, *41*(4), 768-779.

Willott, J., Miller, A., Incoll, L., & Compton, S. (2000). *The contribution of rabbits (Oryctolagus cuniculus L.) to soil fertility in semi-arid Spain.* Biology and Fertility of Soils, *31,* 379-384.

Anexo I: Resumen de las variables

VARIABLE	DESCRIPCIÓN	FUENTE
Gato montés IA	Número total segmentos con presencia de indicios de la especie, dividido entre 5 (número de segmentos)	Muestreo
Garduña IA		
Zorro IA		
Jabalí IA		
Conejo	Número total de letrinas por transecto	
%Arbolado	Porcentaje de cobertura de arbolado, matorral, pastizal, cultivo y roquedo en un radio de 25m al final de cada segmento (valor medio)	
%Matorral		
%Pasto		
%Cultivo		
%Roquedo		
ARBOLADO2km	Porcentaje de cobertura de arbolado, matorral, pastizal y cultivo en un *buffer* de 2km alrededor del transecto	CORINE Land Cover (2018). Centro Nacional de Información Geográfica.
MATORRAL2km		
PASTO2km		
CULTIVO2km		
URB2km	Porcentaje de suelo urbanizado en un *buffer* de 2km alrededor del transecto	SIOSE SAR (2017). Instituto Geográfico Nacional.
M_LINEAL	Longitud total en metros de infraestructuras lineales (carreteras o ferrocarril) en un *buffer* de 2km alrededor del transecto	Centro Regional de Información Cartográfica - Dirección General de Urbanismo - Consejería de Medio Ambiente, Administración Local y Ordenación del Territorio
M_RIOS	Longitud total en metros de ríos y arroyos en un *buffer* de 2km alrededor del transecto	Instituto Geográfico Nacional
DIST_LINEAL	Distancia más corta hasta la infraestructura lineal más cercana al transecto	Centro Regional de Información Cartográfica - Dirección General de Urbanismo - Consejería de Medio Ambiente, Administración Local y Ordenación del Territorio
DIST_NUCLEO	Distancia más corta hasta la población humana más cercana al transecto	Instituto Geográfico Nacional
DIST_AGUA	Distancia más corta hasta la masa de agua más cercana al transecto	Instituto Geográfico Nacional Ministerio para la Transición Ecológica y Reto Demográfico

45

Printed by Books on Demand GmbH, Norderstedt / Germany